Relaxation collisionnelle et effets de vitesse

Relaxation collisionnelle et effets de vitesse

FAHD KAGHAT

À la mémoire de mon père
À ma mère
À ma sœur

À ma fille Lina

TABLE DES MATIÈRES

INTRODUCTION

Les apports de la spectroscopie sont nécessaires pour l'interprétation des données observationnelles fournies par les missions spatiales ou obtenues à partir du sol. En plus des fréquences d'absorption des espèces moléculaires étudiées, le dépouillement des observations nécessite une bonne connaissance des profils des raies étudiées: l'effet principal est l'élargissement collisionnel de la transition qui, dans un modèle de collisions fortes, se traduit par une forme de Lorentz qui se combine à l'élargissement Doppler pour donner un profil de Voigt. En fait, les collisions moléculaires se traduisent également par:
- un déplacement des fréquences de transition induit par pression ;
- un changement de la forme de raie dû au rétrécissement collisionnel (Dicke narrowing): ce processus, qui peut être modélisé par un profil de Galatry, est lié aux collisions faibles avec changement de vitesse et est plus marqué en présence d'un effet Doppler important.

Parmi les traitements théoriques les plus importants qui ont été consacrés au problème des élargissements de raies induits par pression, on citera en particulier ceux d'Anderson {1949}, Murphy et Boggs {1967}, Robert et al. {1969}. La théorie d'Anderson a été largement employée dans le domaine micro-onde et infrarouge pour divers couples de molécules. Elle a été détaillée par Tsao et Curnutte {1962} et présentée de façon simplifiée par Birnbaum {1967}. Frost {1976} et

Boulet et al. {1976} l'ont étendue au calcul des déplacements de fréquence dans les domaines micro-onde et infrarouge. La forme actuellement la plus élaborée de cette théorie semi-classique est celle proposée par Robert et Bonamy {1979} pour tenir compte de la courbure des trajectoires lors des collisions à courte approche.

Parmi les hypothèses simplificatrices qui sont à la base de ces théories, l'une est celle qui consiste à admettre que la durée de la collision est petite comparée à l'intervalle de temps qui sépare deux collisions. L'influence de la durée finie des chocs sur le calcul du profil spectral a été étudiée par Boulet {1979}. De plus, dans ces travaux, les raies spectrales sont supposées bien résolues. Le cas le plus général d'un profil décrit par des composantes spectrales entre lesquelles existe des effets interférentiels a été mis en forme par Ben-Reuven {1966}.

Pour la plus part, ces théories ont été développées en supposant que, pour toutes les collisions, les molécules partenaires ont la même vitesse relative moyenne. Ceci revient en réalité à négliger la distribution réelle des vitesses relatives des partenaires de collision. Ces modèles conduisent à un rythme des collisions moléculaires qui suit une loi de Poisson, ce qui entraîne en l'absence d'effet inhomogène une forme Lorentzienne des raies d'absorption.

Par ailleurs, de nombreuses études {Rohart et al. 1997 ; Kaghat 2006 ; Hartmann et al. 2008 ; Rohart et Kaghat 2010} ont mis en évidence des formes de raies différentes du simple profil de Voigt. Deux mécanismes permettent d'expliquer ces écarts:
- les collisions avec changement de vitesse sans perte de cohérence, elles peuvent entraîner un rétrécissement de la forme de raie (Dicke narrowing).
- la dépendance des taux de relaxation et de déplacement de fréquence de raie avec les vitesses moléculaires: cet effet conduit également à un rétrécissement, voire à une asymétrie du profil.

Il apparaît clairement, à partir de ces études expérimentales, que la modélisation des effets de dépendance en vitesse des taux de collision, présentée par Berman {1972} et Pickett {1980}, est trop simplifiée et ne rend pas compte des résultats expérimentaux. Le but du présent travail est d'aller au-delà en ayant recours à une interprétation théorique plus élaborée qui devrait permettre de mieux comprendre le(s) mécanisme(s) responsable(s) des écarts observés au profil de Voigt.

Dans un premier temps, nous allons rappeler les grandes lignes du formalisme théorique permettant le calcul des largeurs et des déplacements de fréquence de raie induits par collision. Nous présenterons ensuite les résultats numériques relatifs à l'évolution des taux de collision en fonction de la vitesse relative des molécules partenaires et la vitesse absolue de la molécule active. Nous exposerons les résultats obtenus pour les différentes paires de molécules qui ont fait l'objet de notre étude: $HC^{15}N$ / He, $HC^{15}N$ / Xe, $HC^{15}N$ / $HC^{14}N$, $HC^{15}N$ / CH_3F et $HC^{15}N$ / CH_3Br.

FORMULATION THÉORIQUE
DE L'ÉLARGISSEMENT ET DU DÉPLACEMENT
DE FRÉQUENCE INDUITS PAR PRESSION

1. Principe de la méthode d'Anderson Tsao et Curnutte (ATC)

Anderson a formulé une théorie d'impact sur l'élargissement des raies induit par pression, un travail qui reste une référence importante pour interpréter les formes de raies observées. Il a développé son formalisme en utilisant un traitement semi-classique où les degrés de liberté internes associés à la vibration et à la rotation des molécules sont quantifiés, alors que les degrés de liberté externes correspondant au mouvement de translation moléculaire sont traités de manière classique. Cette approximation de la trajectoire classique reste valable tant que la distance d'interaction des forces intermoléculaires est beaucoup plus importante que la dimension du paquet d'onde associé au mouvement de la molécule (longueur d'onde de De Broglie). Dans ce formalisme, les molécules sont supposées décrire des trajectoires rectilignes à vitesse constante. L'approximation des trajectoires rectilignes est justifiée dans le cas où les collisions efficaces se produisent pour des valeurs du paramètre d'impact grandes devant le paramètre cinétique de collision. Enfin, le modèle utilisé consiste à introduire une approximation d'impact où l'on ne considère que des collisions binaires très brèves et totalement séparées dans le temps. Cette hypothèse est d'autant plus vrai que les pressions de gaz sont suffisamment basses. Elle demeure valide pour la plus part des molécules si la pression est inférieure à $\approx$ 1atm {Townes et Schawlow 1975}.

Dans l'approche ATC, le taux de collision s'exprime directement en termes d'une fonction dite d'interruption, traduisant l'efficacité de la collision pour interrompre plus ou moins le processus radiatif. Cette fonction est développée, grâce à un traitement perturbatif, à l'ordre deux du potentiel d'interaction moléculaire. Une procédure de coupure assure son unitarité aux faibles valeurs du paramètre d'impact pour lesquelles les collisions interrompent complètement le processus d'absorption. Nous allons dans la suite de ce chapitre, présenter les principales étapes de ce formalisme en reprenant essentiellement le travail de Tsao et Curnutte auquel nous renvoyons le lecteur pour les détails du calcul.

La forme de la raie peut être traitée à partir de l'équation de l'intensité spectrale {Birnbaum 1967}:

$$I(\omega) = \int_{-\infty}^{+\infty} dt \; \phi(t) \exp\left(i\left(\omega_{if} - \omega\right)t\right) \qquad (1)$$

où $\phi(t)$ est la fonction d'auto-corrélation exprimée dans le repère tournant à la fréquence moléculaire ω_{if} (transition i-f). $I(\omega)$ et $\phi(t)$ représentent, respectivement, le profil de raie obtenu en "fréquence résolue" et le signal de précession optique (émission transitoire) qui a lieu lorsqu'on commute l'interaction résonante entre le gaz moléculaire et la radiation incidente.

Nous allons nous intéresser, dans la suite de cette présentation, au cas d'une classe de vitesse relative v_r quelconque du couple constitué de la molécule active et de la molécule tampon.

L'approximation d'impact basée sur le fait que les collisions sont de courtes durées devant le temps moyen entre deux collisions et que les collisions sont uniquement binaires conduit à une fonction de corrélation caractéristique d'un processus de Poisson. Celle-ci se met sous la forme:

$$\phi(t, v_r) = \exp\left(-\tilde{\Gamma}(v_r)\,t\right) = \exp\left(-n_b(v_r)\,v_r\,\tilde{\sigma}(v_r)\,t\right) \qquad (2)$$

où $n_b(v_r)$ est la densité des molécules perturbatrices, v_r est la vitesse relative des partenaires de collision. $\widetilde{\Gamma}(v_r)$ et $\widetilde{\sigma}(v_r)$ sont, respectivement, le taux et la section efficace de collision qui sont en général complexes:

$$\widetilde{\Gamma}(v_r) = \gamma(v_r) + i\,\eta(v_r) \tag{3}$$

$$\widetilde{\sigma}(v_r) = \sigma_r(v_r) + i\,\sigma_i(v_r) \tag{4}$$

où les taux de relaxation $\gamma(v_r)$ et de déplacement de fréquence $\eta(v_r)$ induits par pression s'expriment en termes des parties réelle $\sigma_r(v_r)$ et imaginaire $\sigma_i(v_r)$ de la section efficace de collision:

$$\gamma(v_r) = n_b(v_r)\, v_r\, \sigma_r(v_r) \tag{5}$$

$$\eta(v_r) = n_b(v_r)\, v_r\, \sigma_i(v_r) \tag{6}$$

Le calcul de la section efficace de collision nécessite la connaissance d'une section efficace différentielle partielle $S(b,j_2,v_r)$ appelée fonction d'interruption. Cette fonction qui est corrélée à l'état quantique j_2 de la molécule perturbatrice peut être exprimée en termes de diverses contributions du potentiel intermoléculaire $H_c(t)$ (dipôle-dipôle, dipôle-quadripôle, quadripôle-quadripôle, dispersion, etc.). Quand $S(b,j_2,v_r)$ est connu, les taux relatifs à une classe de vitesse relative v_r sont obtenus en effectuant la moyenne sur tous les niveaux j_2 de la molécule perturbatrice. On a alors[1]:

$$\widetilde{\Gamma}(v_r) = n_b(v_r)\, v_r \sum_{j_2\, k_2} \rho_{j_2}\, \widetilde{\sigma}(j_2, v_r) \tag{7}$$

où ρ_{j_2} est le facteur de Boltzmann des molécules perturbatrices, dans l'état rotationnel j_2, qu'on considère indépendant de la vitesse.

Le taux de collision $\widetilde{\Gamma}(v_a)$ de la classe des molécules de vitesse absolue v_a est obtenu en effectuant la moyenne statistique sur toutes les

---

[1] -Afin de ne pas trop alourdir le texte et les différentes expressions mathématiques, le nombre quantique k_2 n'a pas été explicitement inclu dans les notations ρ_{j2}, $S(b,j_2,v_r)$ et $\widetilde{\sigma}(j_2, v_r)$. En fait, ces quantités sont couplées au moment angulaire j_2 et à sa projection k_2 sur l'axe moléculaire.

vitesses relatives v_r. Les résultats numériques de cette procédure de moyenne seront discutés plus loin pour les divers couples de molécules étudiés.

La section efficace partielle de collision associée au niveau j_2 de la molécule perturbatrice qui se déplace à une vitesse relative v_r est calculée à partir de l'équation:

$$\tilde{\sigma}(j_2, v_r) = \int_0^{+\infty} 2\pi\, b\; S(b, j_2, v_r)\, db \qquad (8)$$

La fonction $S(b, j_2, v_r)$, qui caractérise l'efficacité d'une collision pour perturber la radiation moléculaire, peut être interprétée comme la probabilité pour que la collision avec une molécule perturbatrice passant à une distance b de la molécule active interrompe la radiation moléculaire. Il découle de cette interprétation que $|S(b, j_2, v_r)|$ ne peut excéder l'unité.

2. Calcul perturbatif de la fonction d'interruption

On considère un système physique constitué d'une molécule active (à laquelle se rapportera désormais l'indice 1) et d'une molécule perturbatrice (indice 2). Nous désignons par H_1 et H_2 les hamiltoniens propres associés à ces deux molécules non perturbées, contenant uniquement leurs coordonnées internes. L'hamiltonien total du système moléculaire plongé dans un champ de radiation peut s'écrire:

$$H(t) = H_1 + H_2 + H_c(t) + H_R + H_{1R} \qquad (9)$$

où $H_c(t)$ est l'hamiltonien d'interaction, dépendant du temps, entre les molécules 1 et 2, H_R est l'hamiltonien du champ radiatif et H_{1R} est l'hamiltonien d'interaction rayonnement-molécule 1. Les molécules perturbatrices sont supposées sans interaction avec le champ radiatif. Soient $U_0(t)$ et $U_m(t)$ les opérateurs d'évolution associés, respectivement, aux hamiltoniens $H_0 = H_1 + H_2$ et $H_m = H_0 + H_c(t)$. Nous définissons un opérateur de collision $T(t, b, v_r)$ par:

$$T(t, b, v_r) = U_0^{-1}(t)\, U_m(t) \qquad (10)$$

et dont l'équation d'évolution est donnée par:

$$i\hbar \frac{d}{dt} T(t,b,v_r) = \left(U_0^{-1}(t) \, H_c(t) \, U_0(t) \right) T(t,b,v_r) \qquad (11)$$

On démontre alors que la section efficace différentielle partielle $S(b,j_2,v_r)$ peut se mettre sous la forme {Tsao et Curnutte 1962} :

$$S(b,j_2,v_r) = 1 -$$

$$\sum_{m_i \, m_f \, m_i' \, m_f' \, M} \quad \sum_{m_2 \, m_2' \, j_2'} \frac{\langle j_f lm_f M | j_i m_i \rangle \langle j_f lm_f' M | j_i m_i' \rangle}{(2j_i+1)(2j_2+1)} \quad \times$$

$$\langle j_f m_f j_2 m_2 | T^{-1}(t,b,v_r) | j_f m_f' j_2' m_2' \rangle \, \langle j_i m_i j_2' m_2' | T(t,b,v_r) | j_i m_i j_2 m_2 \rangle$$

$$(12)$$

Les indices i et f désignent les états initial et final de la molécule active, alors que l'état initial de la molécule perturbatrice est indicé par 2. Les états qui interagissent avec les états initiaux par l'intermédiaire du potentiel intermoléculaire sont surmontés d'un prime. <a b α β | c γ> est un coefficient de Clebsch-Gordan et m_i, m_i', m_f, m_f', m_2, m_2' sont les nombres quantiques associés aux dégénérescences des niveaux. Enfin la sommation sur M tient compte des orientations possibles du moment dipolaire sur l'axe de quantification.

Le calcul de la fonction d'efficacité de la collision $S(b,j_2,v_r)$ s'obtient à partir de l'hamiltonien total du système. Une méthode de calcul par perturbation, consiste à développer l'opérateur de collision au second ordre en b. On introduit un opérateur P défini par :

$$P = \left(\frac{1}{\hbar} \right) \int_{-\infty}^{+\infty} U_0^{-1}(t) \, H_c(t) \, U_0(t) \, dt \qquad (13)$$

où les bornes d'intégration sont étendues à ± ∞ puisque l'interaction due à la collision devient négligeable lorsque la distance séparant les deux molécules augmente. On considère alors les ordres successifs de $T(t,b,v_r)$ défini précédemment par l'équation (10) :

Ordre 0 : $T_0(t,b,v_r) = 1$ $\qquad$ (14)

Ordre 1: $\quad T_1(t,b,v_r) = \left(-i/\hbar\right) \int_{-\infty}^{+\infty} U_0^{-1}(t) \, H_c(t) \, U_0(t) \, dt$ (15)

Ordre 2:

$$T_2(t,b,v_r) = \left(-1/\hbar^2\right) \int_0^t U_0^{-1}(t') \, H_c(t') \, U_0(t') \, dt' \quad \times$$

$$\int_0^{t'} U_0^{-1}(t'') \, H_c(t'') \, U_0(t'') \, dt''$$ (16)

En substituant ce résultat dans l'équation (12), On obtient pour $S(b,j_2,v_r)$ les termes d'ordre zéro $S_0(b,j_2,v_r)$, d'ordre un $S_1(b,j_2,v_r)$ et d'ordre deux $S_2(b,j_2,v_r)$. Les termes d'ordre supérieur sont très difficiles à calculer et vont être négligés.

Ainsi, l'expression approximative de $S(b,j_2,v_r)$ s'écrit:

$$S(b,j_2,v_r) = S_0(b,j_2,v_r) + S_1(b,j_2,v_r) + S_2(b,j_2,v_r)$$ (17)

- Le terme d'ordre zéro est nul puisque à l'ordre zéro il n'y a pas d'interaction:

$$S_0(b,j_2,v_r) = 0$$ (18)

- Le terme d'ordre 1 est imaginaire pur et ne contribue donc qu'au déplacement de fréquence de raie. Il est nul pour des transitions purement rotationnelles.

- Enfin, le terme d'ordre 2 est complexe et contribue au calcul des largeurs et des déplacements de fréquence de raie {Boulet et al. 1976}.

Dans le formalisme proposé initialement par Tsao et Curnutte {1962}, les effets de non commutation de l'hamiltonien d'interaction $H_c(t)$ pris à deux instants différents ont été négligés. Le terme d'ordre deux était purement réel et ne contribuait donc pas au déplacement.

Si l'on suppose que les opérateurs $H_c(t')$ et $H_c(t'')$, qui apparaissent dans l'équation (16), commutent quels que soient t' et t'', la solution de l'équation (11) se met alors sous la forme:

$$T(t,b,v_r) = \exp\left(\left(\frac{1}{i\,\hbar} \right) \int_0^t U_0^{-1}(t')\, H_c(t')\, U_0(t')\, dt' \right) \qquad (19)$$

où l'on a supposé que $T(t = 0, b, v_r) = 1$.

Le terme du deuxième ordre de la fonction d'interruption est réel et s'écrit[2] {Tsao et Curnutte 1962} :

$$\mathrm{Re}\left\{ S_2\left(b, j_2, v_r\right) \right\} = \mathrm{Re}\left\{ S_2\left(b, j_2, v_r\right)_{\mathrm{outer},i} \right\} + \mathrm{Re}\left\{ S_2\left(b, j_2, v_r\right)_{\mathrm{outer},f} \right\} +$$

$$\mathrm{Re}\left\{ S_2\left(b, j_2, v_r\right)_{\mathrm{middle}} \right\} \qquad (20)$$

avec :

$$\mathrm{Re}\left\{ S_2\left(b, j_2, v_r\right)_{\mathrm{outer},i} \right\} = \frac{1}{2} \sum_{m_i\, m_2} \frac{\left\langle j_i m_i j_2 m_2 \left| P^2 \right| j_i m_i j_2 m_2 \right\rangle}{(2j_i + 1)(2j_2 + 1)} \qquad (21)$$

$$\mathrm{Re}\left\{ S_2\left(b, j_2, v_r\right)_{\mathrm{outer},f} \right\} = \frac{1}{2} \sum_{m_f\, m_2} \frac{\left\langle j_f m_f j_2 m_2 \left| P^2 \right| j_f m_f j_2 m_2 \right\rangle}{(2j_f + 1)(2j_2 + 1)} \qquad (22)$$

$$\mathrm{Re}\left\{ S_2\left(b, j_2, v_r\right)_{\mathrm{middle}} \right\} = \sum_{m_i\, m_f\, m_i'\, m_f'\, m_2\, m_2'\, M} \sum_{j_2} \frac{\left\langle j_f l m_f M \left| j_f l m_f' M \right\rangle \right.}{(2j_i + 1)(2j_2 + 1)} \times$$

$$\left\langle j_f m_f j_2 m_2 \left| P \right| j_f m_f' j_2' m_2' \right\rangle \left\langle j_i m_i' j_2' m_2' \left| P \right| j_i m_i j_2 m_2 \right\rangle \qquad (23)$$

Les éléments de matrice de l'opérateur P sont définis à l'aide des états propres de l'hamiltonien des deux molécules non perturbées par :

---

2 -Bien que, à ce stade, $S_2(b, j_2, v_r)$ soit réel, on maintient l'écriture $\mathrm{Re}\{S_2(b, j_2, v_r)\}$ par souci d'homogénéité avec la suite.

$$\langle m | P | n \rangle = \left(\frac{1}{i\,\hbar} \right) \int\limits_{-\infty}^{+\infty} \exp\left(i\,\omega_{mn}\,t \right) \langle m | H_c\left(r(t) \right) | n \rangle \; dt \qquad (24)$$

où le potentiel intermoléculaire $H_c(r(t))$ est une fonction de la distance intermoléculaire $r(t)$ à l'instant t, et ω_{mn} est la fréquence de transition entre les deux états propres considérés.

Il est important de noter, encore une autre fois, que la théorie d'Anderson, Tsao et Curnutte postulait la commutation de $H_c(t)$ pris à deux instants différents. Il en résulte que le terme d'ordre deux de la fonction d'interruption se restreignait à sa seule partie réelle. En réalité, ce terme est une quantité complexe dont la partie imaginaire contribue au déplacement de fréquence. C'est dans les travaux de Herman {1963} qu'apparaît pour la première fois la prise en compte des effets de non commutation de l'hamiltonien d'interaction.

La section efficace de collision est évaluée à partir de l'équation (8). Etant intéressé uniquement à des transitions purement rotationnelles, il vient:

$$\sigma_r\left(j_2, v_r \right) = \int\limits_{0}^{+\infty} 2\pi\,b\; \mathrm{Re}\left\{ S_2\left(b, j_2, v_r \right) \right\} db \qquad (25)$$

$$\sigma_i\left(j_2, v_r \right) = \int\limits_{0}^{+\infty} 2\pi\,b\; \mathrm{Im}\left\{ S_2\left(b, j_2, v_r \right) \right\} db \qquad (26)$$

3. Procédure de "cut-off"

Lorsque b tend vers zéro, $|S_2(b, j_2, v_r)|$ tend vers l'infini. En tenant compte de la forte réorganisation des états internes de la molécule active lorsque b est petit, les collisions ont alors la propriété d'interrompre complètement la radiation moléculaire: Anderson avait donc introduit un paramètre d'impact critique b_0 déterminé par la condition:

$$\mathrm{Re}\{S_2(b_0, j_2, v_r)\} = 1 \qquad (27)$$

Il a supposé ensuite que la partie réelle de la fonction d'efficacité de collision est égale à l'unité et que sa partie imaginaire est nulle pour

$b \leq b_0$ {Anderson 1949}. Cette convention généralement admise est le "cut-off" d'Anderson.

Dans le cas général, la fonction d'interruption est complexe, et plusieurs procédures de coupure ont été proposées dans la littérature {Fitz et Marcus 1973 , Jaffe et al. 1964}. Boulet et al. {1976} ont montré que le "cut-off" introduit par Herman et Tipping {1970} est le meilleur critère pour la détermination du paramètre b_0. Dans cette procédure, b_0 est défini telle que la somme de la contribution réelle et de la valeur absolue de la contribution imaginaire à S_2 est égale à l'unité:

$$Re\{S_2(b_0,j_2,v_r)\} + |Im\{S_2(b_0,j_2,v_r)\}| = 1 \qquad (28)$$

Il vient à partir des équations (25) et (26) que:

$$\sigma_r(j_2,v_r) = \pi b_0^2 + \int_{b_0}^{+\infty} 2\pi b \, Re\{S_2(b,j_2,v_r)\} \, db \qquad (29)$$

$$\sigma_i(j_2,v_r) = \int_{b_0}^{+\infty} 2\pi b \, Im\{S_2(b,j_2,v_r)\} \, db \qquad (30)$$

Le calcul de $S_2(b,j_2,v_r)$ peut être effectué si le potentiel intermoléculaire est connu, ce dont nous allons discuter dans la section suivante en présentant l'approche de Buckingham {1967}.

CALCUL POUR DIVERSES FORCES INTERMOLÉCULAIRES

1. Expression du potentiel intermoléculaire

Dans la formulation la plus générale du problème d'interaction entre une molécule active 1 et une molécule perturbatrice 2, l'hamiltonien d'interaction peut s'écrire sous la forme d'une somme de contributions électrostatique, d'induction, de dispersion et d'échange:

$$H_c = V_{elec} + V_{ind} + V_{disp} + V_{ech} \tag{31}$$

où {Robert et al. 1969}:

$$V_{elec} = V_{\mu_1\mu_2} + V_{\mu_1\theta_2} + V_{\mu_2\theta_1} + V_{\theta_1\theta_2} \tag{32}$$

$$V_{ind} = V_{\mu_1\alpha_2\mu_1} + V_{\mu_1\alpha_2\theta_1} + V_{\mu_1\gamma_2\mu_1} + V_{\mu_1 A_{2//}\mu_1} + V_{\mu_1 A_{2\perp}\mu_1}$$

$$+ V_{\mu_2\alpha_1\mu_2} + V_{\mu_2\alpha_1\theta_2} + V_{\mu_2\gamma_1\mu_2} + V_{\mu_2 A_{1//}\mu_2} + V_{\mu_2 A_{1\perp}\mu_2} \tag{33}$$

$$V_{disp} = V_{\alpha_1\gamma_1\alpha_2\gamma_2} + V_{\alpha_1 A_{2//}} + V_{\alpha_1 A_{2\perp}} + V_{\alpha_1\gamma_1 A_{2//}} + V_{\alpha_1\gamma_1 A_{2\perp}}$$

$$+ V_{\alpha_2 A_{1//}} + V_{\alpha_2 A_{1\perp}} + V_{\alpha_2\gamma_2 A_{1//}} + V_{\alpha_2\gamma_2 A_{1\perp}} \tag{34}$$

Ces trois termes V_{elec}, V_{ind}, V_{disp} décrivent les interactions à longue distance. Ils s'expriment en fonction des moments permanents, des polarisabilités et des paramètres décrivant les distorsions des distributions locales des charges dans les molécules en présence. Les expressions analytiques de ces contributions ont été présentées par Robert et al. {1969}.

Dans les équations (32) à (34), μ_i et θ_i sont, respectivement, le moment dipolaire et le moment quadripolaire de la molécule i. La définition du moment quadripolaire retenue ici est celle de Buckingham {1967}. α_i et γ_i sont, respectivement, la polarisabilité moyenne et l'anisotropie de polarisabilité, $A_{i//}$ et $A_{i\perp}$ sont les composantes parallèle et perpendiculaire par rapport à l'axe internucléaire du tenseur A_i qui décrit la distribution de la polarisabilité dans la molécule. Tous les termes de dispersion et d'induction faisant intervenir les composantes $A_{1//}$, $A_{1\perp}$, $A_{2//}$ et $A_{2\perp}$ du tenseur A ne sont pas pris en compte dans nos calculs théoriques. Ces composantes sont nulles dans le cas des molécules diatomiques non polaires. Elles ne sont pas, à notre connaissance, disponibles dans la littérature pour les gaz polaires que nous avons étudiés ($HC^{15}N$, $HC^{14}N$, CH_3F et CH_3Br) et pour lesquels la contribution prédominante à la fonction d'interruption devrait être d'origine électrostatique.

Le potentiel d'échange V_{ech} rend compte des forces répulsives à courtes distances résultant du recouvrement des fonctions d'ondes électroniques des deux molécules. Ne connaissant qu'imparfaitement le détail du nuage électronique, la répulsion intermoléculaire peut être approchée par une expression empirique proposée par Artman et Gordon {1954}:

$$V_{ech} \propto \exp\left(-\frac{r}{a}\right) \left(1 + 3\gamma_1 \left(\mathbf{e}_1 \cdot \mathbf{r}_0\right)^2\right) \qquad (35)$$

où r est la distance intermoléculaire, a le rayon d'action des forces d'échange, γ_1 le coefficient d'anisotropie de la polarisabilité, $\mathbf{e}_1$ le vecteur unitaire de l'ellipsoïde de polarisabilité et $\mathbf{r}_0$ le vecteur unitaire de l'axe intermoléculaire.

Vue l'importance des interactions à longue distance dues au dipôle important de la molécule active dans le cas qui nous intéresse ($\mu \approx 3$

Debye pour $HC^{15}N$), il nous est possible de négliger le potentiel d'échange dans la suite de ce traitement.

2. Calcul explicite de $Re\{S_2(b,j_2,v_r)\}$

Le résultat de la substitution des diverses contributions du potentiel intermoléculaire dans les équations (21), (22) et (23) peut être exprimé en termes de produits d'harmoniques sphériques comme suit {Tsao et Curnutte 1962} :

$$\left\langle j_i m_i j_2 m_2 \left| P \right| j'_f m'_f j'_2 m'_2 \right\rangle = \sum_{\beta} \quad \sum_{k_1 k_2 \ell_1 \ell_2} a_\beta(k)_{\ell_1 \ell_2}^{k_1 k_2} \quad \times$$

$$\left\langle j_i m_i j_2 m_2 \left| Y_{\ell_1}^{k_1}(1) \, Y_{\ell_2}^{k_2}(2) \right| j'_f m'_f j'_2 m'_2 \right\rangle$$

(36)

où les $Y_{\ell_i}^{k_i}(i)$ sont les harmoniques sphériques dépendant uniquement des coordonnées internes de la molécule i. La sommation est effectuée sur tous les types d'interaction envisagés qui sont repérés par l'indice β. ℓ_i et k_i sont les ordres des harmoniques sphériques relatives à la molécule i. Un type particulier d'interaction est caractérisé par des valeurs particulières de k_1 et k_2: $k_1 = k_2 = 1$ pour dipôle-dipôle; $k_1 = 1$, $k_2 = 2$ pour dipôle-quadripôle; $k_1 = 2$, $k_2 = 1$ pour quadripôle-dipôle et $k_1 = k_2 = 2$ pour quadripôle-quadripôle. Pour une interaction particulière, Le coefficient $a_\beta(k)_{\ell_1 \ell_2}^{k_1 k_2}$ dépend uniquement du paramètre:

$$k = \frac{\omega_{mn} \, b}{v_r}$$

(37)

avec

$$\omega_{mn} = \frac{(E_m - E_n)}{\hbar}$$

(38)

où E_m et E_n correspondent respectivement au niveau d'énergie du hamiltonien non perturbé pour les états $| j_i \, m_i \, j_2 \, m_2 >$ et $| j'_i \, m'_i \, j'_2 \, m'_2 >$. Le paramètre k, proportionnel au défaut d'énergie interne par la durée caractéristique de la collision, décrit le caractère résonant de la collision.

Les propriétés des harmoniques sphériques des toupies symétriques simplifient grandement le problème. Le calcul de $Re\{S_2(b,j_2,v_r)\}$ à partir des éléments de matrice de P conduit aux résultats suivants {Tsao et Curnutte 1962} :

$$\text{Re}\left\{S_2\left(b, j_2, v_r\right)_{\text{outer,i}}\right\} = \frac{1}{32\,\pi^2} \sum_{\beta\beta'} \sum_{j_i' j_2'} \sum_{\ell_1\ell_2\ell_1'\ell_2'} a_\beta(k)_{\ell_1'\ell_2'}^{\ell_1\ell_2}\, a_{\beta'}(k)_{\ell_1'\ell_2'}^{\ell_1\ell_2} \times$$

$$\left(\left\langle j_i \ell_1 k_i\, 0 \middle| j_i' k_i \right\rangle\right)^2 \left(\left\langle j_2 \ell_2 k_2\, 0 \middle| j_2' k_2 \right\rangle\right)^2$$

(39)

$\text{Re}\{S_2(b, j_2, v_r)_{\text{outer,f}}\}$ est défini de la même façon en changeant tous les indices i par f.

$$\text{Re}\left\{S_2\left(b, j_2, v_r\right)_{\text{middle}}\right\} = (-1)^{j_i + j_f}\, \frac{\left((2j_i + 1)\,(2j_f + 1)\right)^{\frac{1}{2}}}{16\,\pi^2} \times$$

$$\sum_{\beta\beta'} \sum_{j_2'} \sum_{\ell_1\ell_2\ell_1'\ell_2'} (-1)^{\ell_1 + \ell_1' + \ell_2}\, \left\langle j_i \ell_1 k_i\, 0 \middle| j_i' k_i \right\rangle\, \left\langle j_f \ell_1 k_f\, 0 \middle| j_f' k_f \right\rangle \times$$

$$\left(\left\langle j_2 \ell_2 k_2\, 0 \middle| j_2' k_2 \right\rangle\right)^2\, W\!\left(j_i\, j_f\, j_i\, j_f \middle| 1\, \ell_1\right)\, a_\beta(k)_{\ell_1'\ell_2'}^{\ell_1\ell_2}\, a_{\beta'}(k)_{-\ell_1'-\ell_2'}^{\ell_1\ell_2}$$

(40)

Les expressions (39) et (40) font intervenir une sommation sur β' pour tenir compte de l'éventuelle apparition de termes croisés {Robert et al. 1969}. Les paramètres k_i, k_f et k_2 correspondent au nombre quantique k habituel pour des toupies symétriques. $W(j_i\, j_f\, j_i\, j_f \mid 1\, \ell_1)$ est un coefficient de Racah {Racah 1942 , Biedenharn et al. 1952}.

En considérant les équations (20), (39) et (40), on peut donc écrire $\text{Re}\{S_2(b, j_2, v_r)\}$ sous la forme :

$$\text{Re}\left\{S_2\left(b, j_2, v_r\right)\right\} = \sum_{\ell_1\ell_2\beta\beta'} \text{Re}\left\{ {}^{\ell_1\ell_2}S_2{}_{\beta'}^{\beta}\left(b, j_2, v_r\right)\right\}$$

(41)

Les différentes fonctions ${}^{\ell_1\ell_2}S_2{}_{\beta'}^{\beta}\left(b, j_2, v_r\right)$ ont été calculées et répertoriées par Robert et al. {1969}. Il est important de noter que ces contributions sont purement additives, seulement si le développement de ces termes en harmoniques sphériques ne contient pas de produit de même ordre, c'est-à-dire du type $Y_{\ell_1}^{\ell_1}(1)\, Y_{\ell_2}^{\ell_2}(2)$ avec $\ell_1 = \ell_2$. En effet des

26

termes croisés peuvent apparaître provenant de la non additivité des différents types d'interaction {Robert et al. 1969}.

Dans ce travail, nous utilisons dans le cadre du formalisme d'Anderson, Tsao et Curnutte les contributions électrostatiques ($\mu_1\mu_2$, $\mu_1\theta_2$, $\theta_1\mu_2$, $\theta_1\theta_2$), d'induction et de dispersion. A titre d'exemple, citons la contribution dipôle-dipôle à la partie réelle de la fonction d'interruption dans le cas de deux molécules linéaires. Cette contribution peut se mettre sous une forme particulièrement simple à partir des coefficients de Clebsch-Gordan et d'une fonction de résonance $f_1(k)$ où le paramètre k est défini par l'équation (37):

$$\text{Re}\left\{ {}^{1,1}S_{2outer,i}\,{}^{\mu_1\mu_2}_{\mu_1\mu_2}\left(b,j_2,v_r\right) \right\} = \left(\frac{4}{9}\right)\left(\frac{\mu_1\,\mu_2}{\hbar\,v_r}\right)^2 \frac{1}{b^4} \times$$

$$\sum_{j_i'}\sum_{j_2'}\left(\left\langle j_i 100\middle|j_i'0\right\rangle\right)^2\left(\left\langle j_2 100\middle|j_2'0\right\rangle\right)^2 f_1(k)$$

$$(42)$$

$$\text{Re}\left\{ {}^{1,1}S_{2outer,f}\,{}^{\mu_1\mu_2}_{\mu_1\mu_2}\left(b,j_2,v_r\right) \right\} = \left(\frac{4}{9}\right)\left(\frac{\mu_1\,\mu_2}{\hbar\,v_r}\right)^2 \frac{1}{b^4} \times$$

$$\sum_{j_f'}\sum_{j_2'}\left(\left\langle j_f 100\middle|j_f'0\right\rangle\right)^2\left(\left\langle j_2 100\middle|j_2'0\right\rangle\right)^2 f_1(k)$$

$$(43)$$

$$\text{Re}\left\{ {}^{1,1}S_{2middle}\,{}^{\mu_1\mu_2}_{\mu_1\mu_2}\left(b,j_2,v_r\right) \right\} = 0 \qquad\qquad (44)$$

$$\text{avec } f_1(k) = \frac{k^4}{4}\left(4\,K_1^2 + K_2^2 + 3\,K_0^2\right)$$

où dans cette expression, les $K_n(k)$ sont les fonctions de Bessel modifiées {Abramowitz et Stegun 1970}.

Ce procédé peut être généralisé à tous les types d'interaction et $\text{Re}\{S_2(b,j_2,v_r)\}$ peut s'écrire comme une somme de termes de la forme:

$$\text{Re}\left\{S_2^{(\beta)}(b, j_2, v_r)\right\} = \frac{A_\beta}{b^s} \times$$

$$\left\{\sum_{j_i} \sum_{j_2} C_{j_i}^{k_1} C_{j_2}^{k_2} f_\beta(k) + \sum_{j_f} \sum_{j_2} C_{j_f}^{k_1} C_{j_2}^{k_2} f_\beta(k) + D \sum_{j_2} C_{j_2}^{k_2} f_\beta(k)\right\}$$

(45)

où $C_j^k = \left(\langle jk00 | j'0 \rangle\right)^2$

et $D = (-1)^{j_i+j_f} \ 2 \ \left\{(2j_i+1)C_{j_i}^2 C_{j_f}^2\right\}^{1/2} W(j_i j_f j_i j_f | 1\, 2)$

W est le coefficient de Racah.

Les termes A_β évoluent en v_r^{-2} et dépendent de la nature du potentiel d'interaction. Leurs expressions analytiques sont données dans l'article de revue de Birnbaum {1967} pour les interactions d'origine électrostatique, inductive et dispersive. Les valeurs du paramètre s sont reportées dans le tableau suivant pour les différents types d'interaction moléculaire.

Type d'interaction	Potentiel $\propto r^{-p}$	$S_2 \propto b^{-s}$
	p	s
$\mu\,\mu$	3	4
$\mu\,\theta$	4	6
$\theta\,\theta$	5	8
$\mu\,\mu_{induit}$	6	10
sphère dure	∞	∞

Tableau (1)

Le premier terme entre crochets dans l'équation (45) provient de $\text{Re}\{S_2(b,j_2,v_r)_{outer,i}\}$, le second de $\text{Re}\{S_2(b,j_2,v_r)_{outer,f}\}$ et le troisième de $\text{Re}\{S_2(b,j_2,v_r)_{middle}\}$. Les fonctions de résonance $f_\beta(k)$ (notées $g_\beta(k)$ pour les interactions non électrostatiques) sont évaluées pour k positif en termes de fonctions de Bessel modifiées. Elles sont tabulées dans l'article de Tsao et Curnutte {1962}. La signification physique de $f_\beta(k)$

est assez simple. Cette fonction, égale à 1 pour k = 0, tend rapidement vers zéro pour k supérieur à quelques unités. Le paramètre k est proportionnel à ω_{mn} qui n'est autre que le bilan d'énergie rotationnelle de la collision. Les collisions pour lesquelles le transfert d'énergie entre la molécule perturbatrice et la molécule active est résonant ou quasi-résonant (collisions résonantes) vont contribuer plus que les autres aux fonctions d'interruption $S_2(b,j_2,v_r)$.

3. Calcul explicite de $Im\{S_2(b,j_2,v_r)\}$

Le principe de calcul de la contribution imaginaire d'ordre 2 à la fonction d'interruption est le suivant. Rappelons tout d'abord que pour une transition i-f purement rotationnelle, la contribution d'ordre 1 est nulle de sorte que {Boulet et al. 1976} :

$$Im\left\{S_2\left(b, j_2, v_r\right)\right\} = Im\left\{S_2\left(b, j_2, v_r\right)_{outer,f}\right\} - Im\left\{S_2\left(b, j_2, v_r\right)_{outer,i}\right\}$$

(46)

En effet, le terme $S_2(b,j_2,v_r)_{middle}$ reste purement réel lorsque l'on introduit la non commutativité du potentiel $H_c(t)$, il en résulte que ce terme contribue uniquement à la largeur de raie.

La partie imaginaire de $S_2(b,j_2,v_r)$ liée aux contributions $S_2(b,j_2,v_r)_{outer,i}$ et $S_2(b,j_2,v_r)_{outer,f}$ se déduit facilement de sa partie réelle en remplaçant les fonctions de résonance $f_\beta(k)$ associées à l'interaction β par des fonctions notées $If_\beta(k)$ {Boulet et al. 1976}. Ces fonctions, qui sont réelles, sont couplées par la relation :

$$If_\beta\left(k\right) = \left(\frac{1}{\pi}\right) \quad pp \int_{-\infty}^{+\infty} \frac{f_\beta\left(k'\right)}{k - k'} \, dk'$$

(47)

où la notation pp signifie la partie principale de Cauchy.

Les fonctions de résonance $If_\beta(k)$ correspondant aux diverses contributions d'origine électrostatique (β = 1, 2, 3) ont été évaluées analytiquement par Frost {1976} et tabulées par Boulet et al. {1976}. Elles s'expriment en termes de fonctions de Bessel modifiées $K_n(k)$ et $I_n(k)$ {Abramowitz et Stegun 1970}.

A titre d'exemple, donnons l'expression de la contribution dipôle-dipôle à la fonction $\mathrm{Im}\{S_2(b,j_2,v_r)\}$ dans le cas de deux molécules linéaires:

$$
\mathrm{Im}\left\{{}^{1,1}S_{2\mathrm{outer},i}\,{}^{\mu_1\mu_2}_{\mu_1\mu_2}(b,j_2,v_r)\right\} = \left(\frac{4}{9}\right)\left(\frac{\mu_1\,\mu_2}{\hbar\,v_r}\right)^2\frac{1}{b^4} \times
$$

$$
\sum_{j_i'}\ \sum_{j_2'}\ \left(\langle j_i 100|j_i' 0\rangle\right)^2\ \left(\langle j_2 100|j_2' 0\rangle\right)^2\ \mathrm{If}_1(k)
$$

(48)

où k est le paramètre de résonance introduit précédemment (éq. 37).

L'expression de $\mathrm{Im}\left\{{}^{1,1}S_{2\mathrm{outer},f}\,{}^{\mu_1\mu_2}_{\mu_1\mu_2}(b,j_2,v_r)\right\}$ s'obtient de celle de outer,i en changeant i en f.

La fonction $\mathrm{If}_1(k)$ s'exprime par:

$$
\mathrm{If}_1(k) = \pi\frac{k^4}{4}\ \left(\mathbf{K}_2\,\mathbf{I}_2 - 4\,\mathbf{K}_1\,\mathbf{I}_1 + 3\,\mathbf{K}_0\,\mathbf{I}_0\right)
$$

La procédure de calcul qu'on vient de présenter se généralise également à toutes les interactions électrostatiques et la partie imaginaire de la fonction d'interruption peut encore s'écrire comme une somme de termes de la forme (analogue de l'équation (45)):

$$
\mathrm{Im}\left\{S_2^{(\beta)}(b,j_2,v_r)\right\} = \frac{A_\beta}{b^s} \times
$$

$$
\left\{\sum_{j_f'}\ \sum_{j_2'}\ C_{j_f'}^{k_1}\,C_{j_2'}^{k_2}\,\mathrm{If}_\beta(k) - \sum_{j_i'}\ \sum_{j_2'}\ C_{j_i'}^{k_1}\,C_{j_2'}^{k_2}\,\mathrm{If}_\beta(k)\right\}
$$

(49)

Dans ce travail, le calcul des déplacements de fréquence de raies millimétriques a été effectué en approchant l'énergie potentielle par sa seule partie électrostatique développée en fonction des moments multipolaires. Nous avons en effet négligé les énergies d'induction et de dispersion pour lesquelles nous ignorons les expressions analytiques des fonctions de résonance. Il est évident que pour des molécules fortement dipolaires (HCN, CH_3F, CH_3Br dans notre étude), c'est l'énergie électrostatique qui va nettement prédominer du fait de sa plus longue portée ($\mu_1\mu_2$ en r^{-3}, $\mu_1\theta_2$ en r^{-4}) alors que le premier terme de dispersion est en r^{-6} et d'amplitude beaucoup plus faible.

4. Calcul explicite de la section efficace de collision

Connaissant les parties réelle et imaginaire de $S_2(b,j_2,v_r)$, il nous est désormais possible d'obtenir pour un j_2 donné le paramètre de coupure b_0 tel que :

$$Re\{S_2(b_0,j_2,v_r)\} + |Im\{S_2(b_0,j_2,v_r)\}| = 1$$

et les sections efficaces partielles d'élargissement et de déplacement de fréquence, c'est-à-dire :

$$\sigma_r(j_2,v_r) = Re\{\tilde{\sigma}(j_2,v_r)\} \quad et \quad \sigma_i(j_2,v_r) = Im\{\tilde{\sigma}(j_2,v_r)\}$$

peuvent être calculées à partir des équations (29) et (30). Ce calcul fait intervenir les fonctions de résonance "intégrées" $F_\beta(k)$ ($G_\beta(k)$ pour les interactions non électrostatiques) pour l'élargissement et $IF_\beta(k)$ pour les déplacements de fréquence. Ces fonctions de résonance liées aux interactions d'origine électrostatique s'expriment à l'aide des fonctions de Bessel et sont également tabulées {Tsao et Curnutte 1962, Frost 1976, Boulet et al. 1976}.

La section efficace totale de collision est obtenue en effectuant la moyenne sur tous les niveaux possibles de la molécule perturbatrice. On fait alors la somme des différents $\tilde{\sigma}(j_2,v_r)$ $(= \sigma_r(j_2,v_r) + i\,\sigma_i(j_2,v_r))$ affectés de la distribution de population et le taux de collision est calculé ensuite à partir de la relation (7).

Pour illustrer ces développements, nous reprenons le cas de deux molécules linéaires pour l'exemple de l'interaction dipôle-dipôle. A partir des expressions de $Re\{S_2(b,j_2,v_r)\}$ (éq. (42) à (44)) et $Im\{S_2(b,j_2,v_r)\}$ (éq. (46) et (48)), en tenant compte de la procédure de coupure de Herman et Tipping {1970}, et après intégration sur le paramètre d'impact b, la contribution dipôle-dipôle aux parties réelle et imaginaire de la section efficace de collision peut s'écrire :

$$\sigma_r(v_r) = \sum_{j_2} \rho_{j_2} \left\{ \pi b_0^2 \left(1 + \left(\frac{\mu_1 \mu_2}{\hbar v_r} \right)^2 \frac{1}{b_0^4} \right. \right. \times$$

$$\left[\sum_{j_i'} \sum_{j_2'} \left(\langle j_i 1 0 0 | j_i' 0 \rangle \right)^2 \left(\langle j_2 1 0 0 | j_2' 0 \rangle \right)^2 F_1(k_0) + \right.$$

$$\left. \left. \left. \sum_{j_f'} \sum_{j_2'} \left(\langle j_f 1 0 0 | j_f' 0 \rangle \right)^2 \left(\langle j_2 1 0 0 | j_2' 0 \rangle \right)^2 F_1(k_0) \right] \right) \right\}$$

$$(50)$$

$$\sigma_i(v_r) = \sum_{j_2} \rho_{j_2} \left\{ \pi b_0^2 \left(\frac{\mu_1 \mu_2}{\hbar v_r} \right)^2 \frac{1}{b_0^4} \times \right.$$

$$\left[\sum_{j_f'} \sum_{j_2'} \left(\langle j_f 1 0 0 | j_f' 0 \rangle \right)^2 \left(\langle j_2 1 0 0 | j_2' 0 \rangle \right)^2 IF_1(k_0) - \right.$$

$$\left. \left. \sum_{j_i'} \sum_{j_2'} \left(\langle j_i 1 0 0 | j_i' 0 \rangle \right)^2 \left(\langle j_2 1 0 0 | j_2' 0 \rangle \right)^2 IF_1(k_0) \right] \right\}$$

$$(51)$$

où

$$F_1(k) = \mathbf{K_1^2} + 2 k \, \mathbf{K_1} \, \mathbf{K_0}$$

$$IF_1(k) = \pi k^2 \left(-\mathbf{K_1} \, \mathbf{I_1} + 2 k \, \mathbf{K_1} \, \mathbf{I_0} - 1 \right)$$

et

$$k = \frac{\omega_{mn} b_0}{v_r}$$ est défini de la même façon que k pour la valeur particulière $b = b_0$.

MODÉLISATION THÉORIQUE DE L'EFFET DE LA DISTRIBUTION DES VITESSES MOLÉCULAIRES SUR LA RELAXATION COMPLEXE

1. Dépendance des taux de relaxation avec les vitesses relatives des deux partenaires

La dépendance $\gamma(v_r)$ des taux de relaxation par rapport à la vitesse relative v_r des molécules partenaires est directement liée au mécanisme de collision entre la molécule active et la molécule tampon. Une telle dépendance est prédite par les théories de collision en termes de section efficace "d'élargissement" $\sigma_r(v_r)$ tel que $\gamma(v_r) = n_b \, v_r \, \sigma_r(v_r)$ où n_b est la densité des molécules perturbatrices. Pour une collision donnée, la trajectoire relative des molécules, supposée rectiligne dans l'approche ATC, est parcourue à une vitesse relative v_r et la section efficace de collision $\sigma_r(v_r)$ évolue plus ou moins significativement avec v_r selon la nature des molécules.

1.1 Gaz rares

Nous allons tout d'abord examiner le cas simple mais fort intéressant d'un perturbateur atomique très léger (He) et celui d'un perturbateur atomique très lourd (Xe). Pour ces atomes de gaz rares, les contributions à la section efficace de collision proviennent principalement des interactions dispersive et inductive. La figure (1) illustre la variation du taux $\gamma(v_r)/2\pi$, calculé théoriquement à partir du formalisme ATC, en fonction de la vitesse relative v_r des molécules partenaires. Le rapport des masses du perturbateur et de l'absorbeur joue un rôle critique dans les effets de corrélation entre les taux de relaxation et les vitesses moléculaires {Berman 1972, Pickett 1980}. La figure (1) traduit bien l'importance de ce rapport dans les deux cas limites considérés ici (la limite de l'absorbeur quasi-stationnaire (HC^{15}N/He) et la limite du perturbateur quasi-stationnaire (HC^{15}N/Xe)). De plus, elle montre une évolution en puissance des taux en fonction de v_r ($\gamma \propto v_r^n$ où l'exposant $0 < n < 1$).

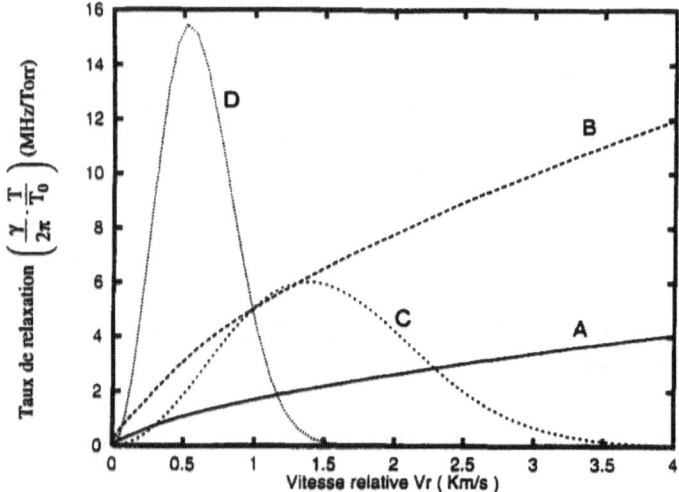

Figure (1)[3]: Evolution du taux de relaxation $\gamma(v_r)/2\pi$ de la transition $J = 0 \rightarrow 1$ de HC^{15}N en fonction de la vitesse relative des molécules partenaires.
(A) Forme théorique prédite à partir du formalisme ATC pour le couple HC^{15}N/He.
(B) Forme théorique prédite à partir du formalisme ATC pour le couple HC^{15}N/Xe.
(C) et (D) Fonctions de distribution de Maxwell des vitesses relatives à 400 Kelvin respectivement pour HC^{15}N/He et HC^{15}N/Xe.

---

[3] -Remarque qui concerne toutes les courbes théoriques de relaxation et de déplacement de fréquence en fonctions des vitesses:
En spectroscopie millimétrique, les taux de relaxation sont généralement exprimés en (MHz/Torr) au lieu d'être rapportés à la densité moléculaire qui apparaît dans les analyses théoriques et est donc plus significative. Pour éliminer la contribution linéaire de la température dans le terme de pression, on a en fait multiplié les taux par T/T_0 ($T_0 = 300$ K) et représenté les quantités

$$\left(\frac{\gamma}{2\pi} \frac{T}{T_0} \right) \text{ et } \left(\frac{\eta}{2\pi} \frac{T}{T_0} \right)$$

en (MHz/Torr), ce qui revient à utiliser pour unité de densité celle correspondant à une pression de 1 Torr à 300 K, soit $1,45.10^{-3}$ amagat.

Nous reprenons sur les figures (2) et (3) les courbes représentant le comportement des taux $\gamma(v_r)/2\pi$ par rapport à v_r, respectivement dans les cas de $HC^{15}N$ perturbé par l'hélium et le xénon. Ces deux figures illustrent aussi l'ajustement, par une procédure de moindres carrés, des taux calculés sur deux modèles phénoménologiques donnés par les expressions:

$$\gamma(v_r) = g_r\, v_r^n \tag{52}$$

et

$$\gamma(v_r) = \gamma_{0r} + g_r\, v_r^n \tag{53}$$

où γ_{0r}, g_r et n sont les paramètres à ajuster. Dans ce procédé de lissage, les taux sont pondérés par la distribution de Maxwell-Boltzmann des vitesses relatives. On peut remarquer que les modèles utilisés s'accordent bien avec les calculs théoriques exacts dans la bande des faibles vitesses relatives. Dans le cas de l'hélium, les valeurs prises par le paramètre n sont 0.655 et 0.519 respectivement pour les deux modèles utilisés. Dans le cas du xénon, l'exposant n (égal à 0.938 avec le modèle donné par (52) et 0.816 avec celui donné par (53)) est voisin de 1, le potentiel intermoléculaire est proche d'un modèle de collision type sphère dure pour lequel on prévoit un caractère linéaire du taux $\gamma(v_r)$ par rapport à v_r.

1.2 Gaz polaires

Sur la figure (4) nous avons visualisé un autre exemple de l'évolution, en fonction de la vitesse relative des deux partenaires, du taux calculé $\gamma(v_r)/2\pi$ défini selon l'expression:

$$\gamma(v_r) = n_b(300\ K,\ 1\ Torr)\, v_r\, \sigma(v_r) \tag{54}$$

et ceci pour quatre valeurs de la température 100, 200, 300 et 400 Kelvin. Les calculs reportés correspondent au cas du couple de collision $HC^{15}N/CH_3F$. On peut voir sur cette figure que les taux présentent une dépendance en v_r^n où le paramètre n est d'autant plus important que la température est plus basse. Cet effet, spécifique des perturbateurs non atomiques, est évidemment dû à la modification des populations des niveaux des molécules perturbatrices avec la température.

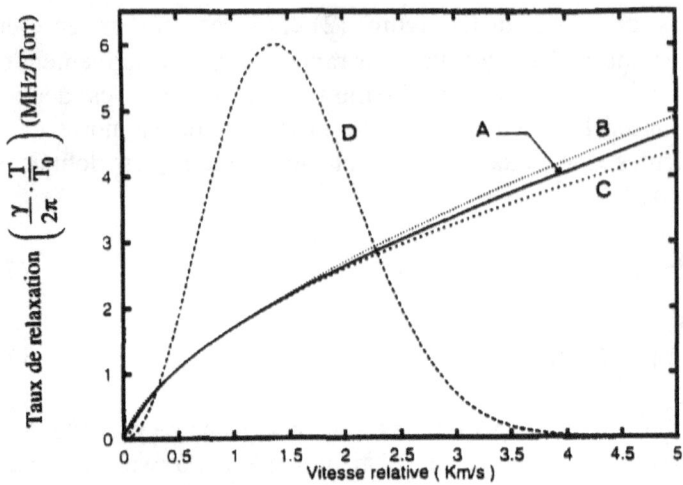

Figure (2): Evolution du taux de relaxation $\gamma(v_r)/2\pi$ de la transition J = 0→1 de HC^{15}N en fonction de la vitesse relative des molécules partenaires.
(A) Forme théorique prédite à partir du formalisme ATC pour le couple HC^{15}N/He.
(B) Courbe de régression de $\gamma(v_r)/2\pi$ selon le modèle donné par l'équation (52).
(C) Courbe de régression de $\gamma(v_r)/2\pi$ selon le modèle donné par l'équation (53).
(D) Distribution de Maxwell -Boltzmann des vitesses relatives à T = 400 Kelvin.

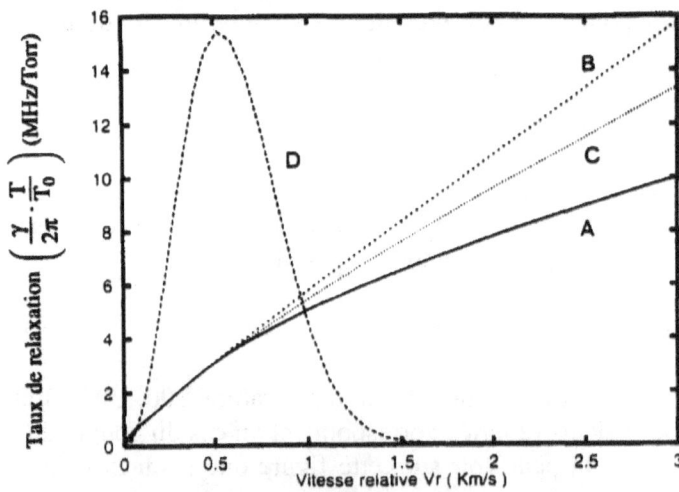

Figure (3): Evolution du taux de relaxation $\gamma(v_r)/2\pi$ de la transition J = 0→1 de HC^{15}N en fonction de la vitesse relative des molécules partenaires.
(A) Forme théorique prédite à partir du formalisme ATC pour le couple HC^{15}N/Xe.
(B) Courbe de régression de $\gamma(v_r)/2\pi$ selon le modèle donné par l'équation (52).
(C) Courbe de régression de $\gamma(v_r)/2\pi$ selon le modèle donné par l'équation (53).
(D) Distribution de Maxwell -Boltzmann des vitesses relatives à T = 400 Kelvin.

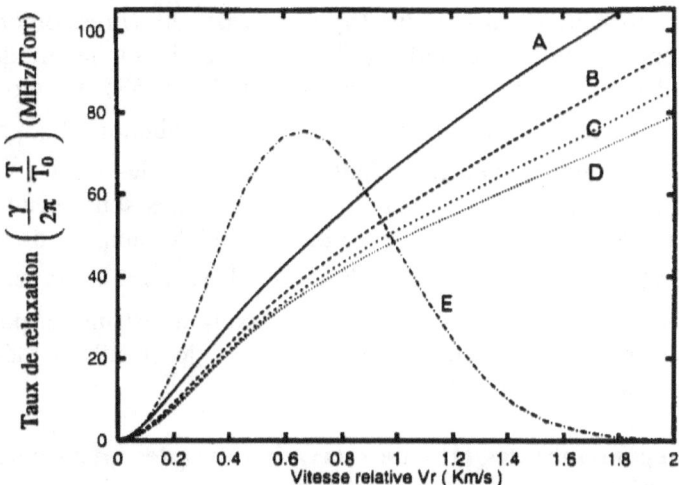

Figure (4): Evolution du taux de relaxation $\gamma(v_r)/2\pi$ **de la transition J = 0→1 de HC^{15}N en fonction de la vitesse relative des molécules partenaires. Ces courbes représentent la forme théorique prédite à partir du formalisme ATC pour le couple HC^{15}N/CH$_3$F à: (A) T = 100 Kelvin. (B) T = 200 Kelvin. (C) T = 300 Kelvin. (D) T = 400 Kelvin.**
(E) Distribution de Maxwell -Boltzmann des vitesses relatives à T = 400 Kelvin.

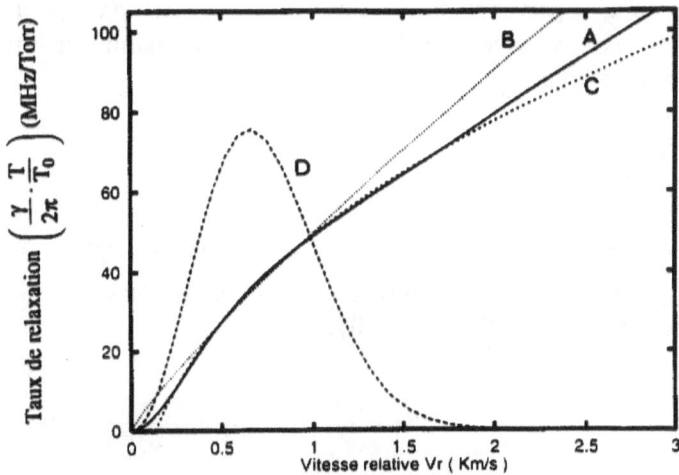

Figure (5): Evolution du taux de relaxation $\gamma(v_r)/2\pi$ **de la transition J = 0→1 de HC^{15}N en fonction de la vitesse relative des molécules partenaires.**
(A) Forme théorique prédite à partir du formalisme ATC pour le couple HC^{15}N/CH$_3$F à T = 400 Kelvin.
(B) Courbe de régression de $\gamma(v_r)/2\pi$ **selon le modèle donné par l'équation (52).**
(C) Courbe de régression de $\gamma(v_r)/2\pi$ **selon le modèle donné par l'équation (53).**
(D) Distribution de Maxwell -Boltzmann des vitesses relatives à T = 400 Kelvin.

Nous présentons sur la figure (5) les courbes de régression obtenues par ajustement des taux calculés à T = 400 Kelvin sur les modèles en vitesse relative donnés par les expressions (52) et (53). Le modèle en $\gamma_{0r} + g_r v_r^n$ est bien concordant sur "toute" la distribution Maxwellienne des vitesses relatives avec cependant un écart pour les faibles vitesses. L'exposant n, égal à 0.862 lorsque les taux calculés sont ajustés sur le premier modèle, est différent de zéro. Le modèle simple de Berman-Pickett ($\gamma(v_r) \propto v_r^n$), dans le cadre duquel la corrélation entre les vitesses moléculaires et les taux de relaxation est nulle pour des partenaires polaires, est en contradiction avec les résultats théoriques obtenus par le formalisme ATC.

2. Dépendance des taux de relaxation avec les vitesses absolues des molécules actives

La dépendance avec les vitesses relatives des taux de relaxation découle directement des calculs de dynamique de collision, alors que les taux exprimés en termes de vitesse absolue résultent d'une moyenne sur toutes les vitesses relatives. Pour un potentiel d'interaction intermoléculaire donné entre deux molécules partenaires, on a calculé théoriquement, à partir du formalisme ATC, le taux $\gamma(v_r)$ pour chaque classe de vitesse relative v_r et le taux $\gamma(v_a)$ a été déduit par intégration numérique de l'équation:

$$\gamma(v_a) = \int_0^{+\infty} \gamma(v_r)\, f(v_r|v_a)\, dv_r \qquad (55)$$

où $f(v_r|v_a)$ est la probabilité de trouver la vitesse relative v_r pour la paire de molécules active/perturbatrice pour une vitesse absolue v_a de l'absorbeur {Coy 1980, Pickett 1980}:

$$f(v_r|v_a)\, dv_r = \frac{2}{\pi^{\frac{1}{2}}}\, \frac{v_r}{v_a v_{b0}}\, \sinh\left(\frac{2 v_r v_a}{v_{b0}^2}\right)\, \exp\left(-\frac{v_r^2 + v_a^2}{v_{b0}^2}\right)\, dv_r$$

$$(56)$$

où v_{b0} est la vitesse la plus probable des molécules perturbatrices.

L'évolution du taux de relaxation $\gamma(v_a)$ en fonction de la vitesse absolue v_a de l'absorbeur est représentée sur la figure (6) pour les couples $HC^{15}N/He$ et $HC^{15}N/Xe$. Cette figure met en évidence un comportement qualitatif analogue à celui observé expérimentalement {Rohart et al. 1997 ; Kaghat 2006 ; Rohart et Kaghat 2010}: l'inhomogénéité induite par la dépendance en vitesse est d'autant plus significative que la molécule active entre en collision avec un perturbateur plus lourd. Une interprétation simple est la suivante: si la molécule active se trouve dans un "bain" d'atomes perturbateurs qui se déplacent rapidement (cas de l'hélium), la distribution des vitesses relatives est statistiquement quasi-indépendante de celle des vitesses absolues et le taux de collision est pratiquement déterminé par la vitesse relative moyenne du perturbateur, ce qui explique sa quasi-indépendance par rapport à v_a. Dans l'autre cas extrême où la molécule active se meut rapidement dans un milieu d'atomes perturbateurs quasi-stationnaires (cas du xénon), les vitesses relatives et absolues sont fortement corrélées et une importante dépendance en vitesse absolue des taux de relaxation est prévue.

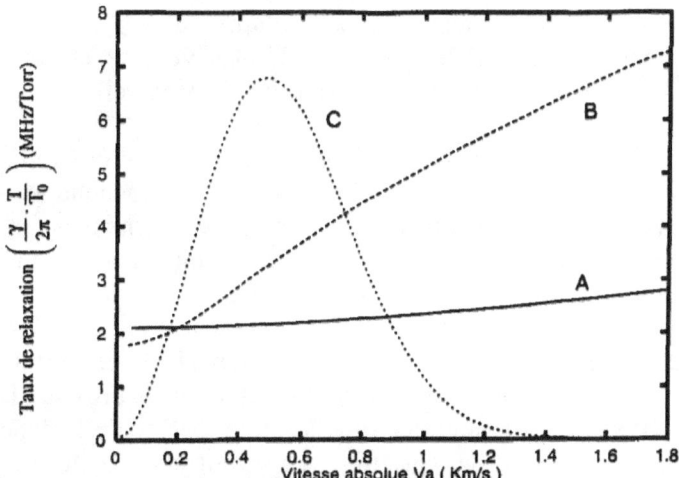

Figure (6) : Evolution du taux de relaxation $\gamma(v_a)/2\pi$ de la transition $J = 0 \rightarrow 1$ de $HC^{15}N$ en fonction de la vitesse absolue des molécules actives.
(A) Forme théorique prédite à partir du formalisme ATC pour le couple $HC^{15}N/He$ à $T = 400$ Kelvin.
(B) Forme théorique prédite à partir du formalisme ATC pour le couple $HC^{15}N/Xe$ à $T = 400$ Kelvin.
(C) Distribution de Maxwell-Boltzmann des vitesses absolues des molécules actives à $T = 400$ Kelvin.

Nous avons vérifié à partir de calculs théoriques réalisés, dans l'approche ATC, sur les autres gaz tampons atomiques (Ne, Ar, Kr) que la dépendance en vitesse des taux de relaxation est d'autant plus que le partenaire est plus lourd. Ceci indique clairement qu'un grand rapport de masses m_b/m_a des partenaires de collision devrait entraîner une forte corrélation entre les vitesses relatives et les vitesses absolues.

Les courbes illustrant la dépendance des taux $\gamma(v_a)$ par rapport à v_a et qui sont relatives aux couples $HC^{15}N/HC^{14}N$, $HC^{15}N/CH_3F$ et $HC^{15}N/CH_3Br$ sont reportées sur la figure (7) pour quatre valeurs de la température: 100, 200, 300 et 400 Kelvin. Cette figure donne un aperçu complet des effets de dépendance en vitesse absolue pour les trois perturbateurs polaires étudiés: contrairement à ce que prévoit le modèle simple de Berman-Pickett, il existe une très forte dépendance des taux de relaxation avec les vitesses absolues des molécules actives, plus forte si le gaz perturbateur est plus lourd, mais avec des comportements qui peuvent différer avec la température puisque les facteurs de population dépendent des structures rotationnelles.

L'ensemble de ces résultats montre également que la dépendance en vitesse absolue suit une tendance parabolique qui apparaît ici comme une loi asymptotique valable pour les faibles vitesses et les vitesses correspondant au maximum de la distribution de Maxwell.

Nos calculs basés sur la théorie d'Anderson, Tsao et Curnutte sont qualitativement en accord avec des résultats expérimentaux publiés auparavant. Les écarts au profil de Voigt (rétrécissement de raie) sont plus sensibles dans le cas des perturbateurs lourds, alors qu'il n'y a quasiment aucun effet dans le cas des perturbateurs très légers.

Nous avons utilisé la théorie d'Anderson, Tsao et Curnutte pour estimer le rôle de la distribution des vitesses moléculaires sur la forme de raie. Cette théorie permet une modélisation réaliste de la dépendance en vitesse de la relaxation. En effet, il apparaît clairement, à partir de cette étude, que les effets de dépendance en vitesse sont fortement corrélés avec la masse relative des partenaires de collision. La corrélation entre efficacité de collision et distribution de vitesses devient plus considérable lorsque le rapport des masses des molécules perturbatrice et active augmente. De plus, nos calculs montrent que l'évolution du taux de relaxation $\gamma(v_a)$ en fonction de la vitesse absolue de la molécule active peut être approchée par une loi quadratique {Rohart et al. 1997 ; Rohart et al. 2007 ; Rohart et Kaghat 2010}, un modèle simple qui peut être adopté pour comparer l'expérience à la théorie.

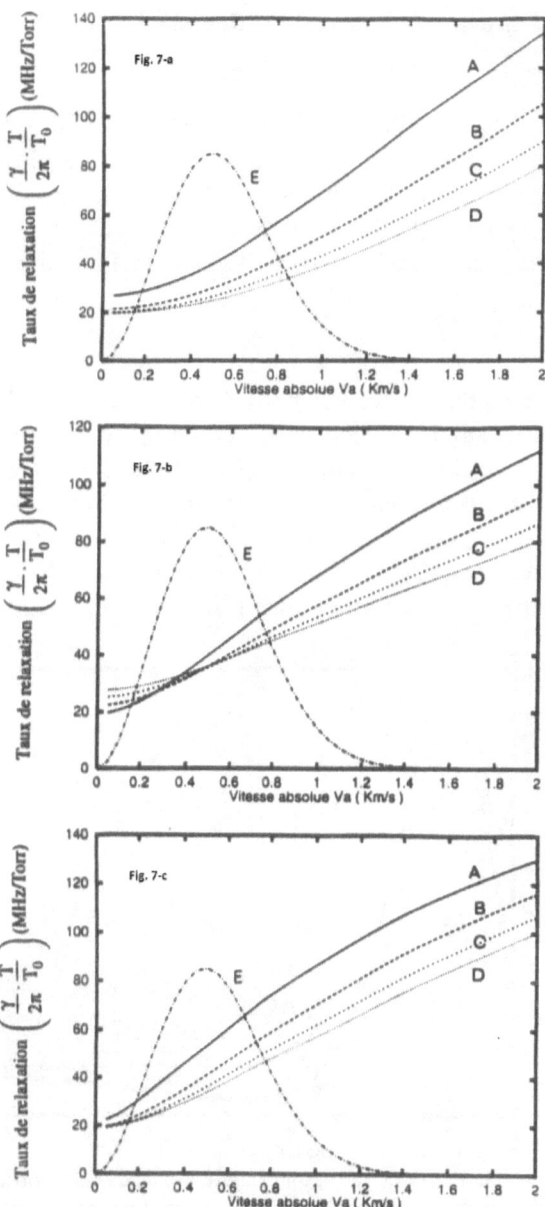

Figure (7) : Evolution du taux de relaxation $\gamma(v_a)/2\pi$ de la transition $J = 0 \rightarrow 1$ de $HC^{15}N$ en fonction de la vitesse absolue des molécules actives.
Fig. (7-a) Couple $HC^{15}N/HC^{14}N$. Fig. (7-b) Couple $HC^{15}N/CH_3F$. Fig. (7-c) Couple $HC^{15}N/CH_3Br$.
Ces courbes représentent la forme théorique prédite à partir du formalisme ATC à:
(A) T = 100 Kelvin. **(B)** T = 200 Kelvin. **(C)** T = 300 Kelvin. **(D)** T = 400 Kelvin.
(E) Distribution de Maxwell-Boltzmann des vitesses absolues des molécules actives à T = 400 Kelvin.

3. Dépendance des taux de déplacement avec les vitesses relatives

L'analyse théorique des corrélations entre les taux de déplacement de fréquence $\eta(v_r)$ et les vitesses relatives v_r des molécules partenaires a été réalisée à partir de la formulation ATCF (Anderson, Tsao, Curnutte et Frost). On rappelle que les taux de déplacement sont liés à la partie imaginaire de la section efficace de collision $\sigma_i(v_r)$ comme suit:

$$\eta(v_r) = n_b \, v_r \, \sigma_i(v_r) \qquad (57)$$

où n_b est la densité des molécules perturbatrices. Tous les calculs ont été effectués en utilisant la procédure de coupure de Herman et Tipping. Nous présentons ici les résultats relatifs au mélange $HC^{15}N/CH_3F$ qui se révèle comme un cas très intéressant compte tenu du fort déplacement de fréquence constaté pour un tel couple. La figure (8) montre l'évolution des taux calculés $\eta(v_r)/2\pi$ en fonction de la vitesse relative pour quatre valeurs particulières de la température 100, 200, 300 et 400 Kelvin.

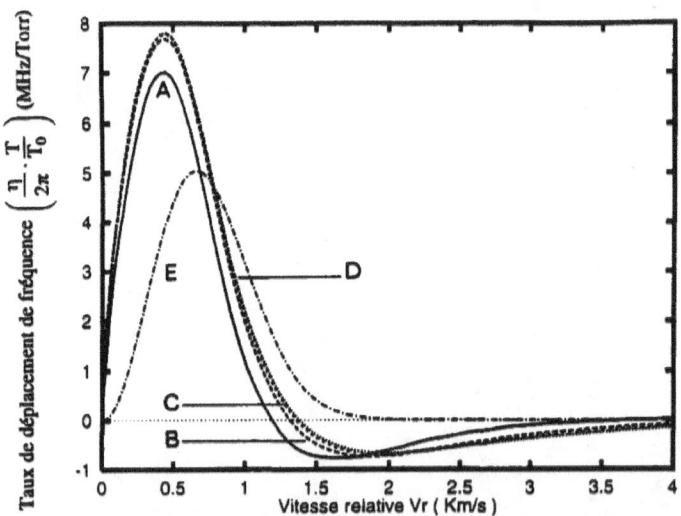

Figure (8): Evolution du taux de déplacement de fréquence induit par collision $\eta(v_r)/2\pi$ de la transition $J = 0 \rightarrow 1$ de $HC^{15}N$ en fonction de la vitesse relative des molécules partenaires. Ces courbes représentent la forme théorique prédite à partir du formalisme ATCF pour le couple $HC^{15}N/CH_3F$ à: (A) T = 100 Kelvin. (B) T = 200 Kelvin. (C) T = 300 Kelvin. (D) T = 400 Kelvin.
(E) Distribution de Maxwell -Boltzmann des vitesses relatives à T = 400 Kelvin.

On peut noter que dans les quatre cas de simulation, les courbes obtenues suivent une même tendance globale et présentent un maximum pour des vitesses relatives proches de la vitesse relative moyenne. Il ressort de ces résultats que l'expression empirique ($\eta(v_r) \propto v_r^m$ où $m < 0$) du modèle de Berman-Pickett n'apparaît réaliste qu'au delà de ce maximum. Le comportement des taux de déplacement aux faibles vitesses, se traduisant par un accroissement en fonction de v_r, peut s'interpréter à partir d'un calcul approché faisant intervenir les expressions asymptotiques des parties imaginaires des fonctions de résonance. En effet, reprenons l'exemple de l'interaction dipôle-dipôle dont la contribution à la section différentielle $S_2(b,j_2,v_r)$ est la plus importante dans le cas considéré. Un simple calcul d'ordre de grandeur montre que pour les faibles vitesses relatives, le paramètre de résonance k ($\propto 1/v_r$) est bien supérieur à 10. Pour de telles valeurs de k, le comportement asymptotique de la fonction de résonance $IF_1(k)$, qui apparaît dans l'expression de $\sigma_i(v_r)$ (voir éq.(51)), se présente sous la forme {Frost 1976} :

$$IF_1(k) \# \sum_{l=1}^{6} a_l \, k^{-2l+1}$$

où tous les coefficients a_l sont positifs. Les taux de déplacement de fréquence présentent un comportement polynomial valable pour les faibles vitesses relatives :

$$\eta(v_r) \# \sum_{l=1}^{6} c_l \, v_r^{2(l-1)}$$

où les coefficients c_l, indépendants de v_r, sont positifs.

4. Dépendance des taux de déplacement avec les vitesses absolues

De la même façon que pour les taux de relaxation, c'est la dépendance théorique des taux de déplacement de fréquence de raie avec les vitesses absolues des molécules actives qui peut être étroitement liée aux résultats expérimentaux. L'évolution des taux de déplacement $\eta(v_r)$ en fonction des vitesses relatives v_r étant prédite théoriquement dans le cadre du formalisme ATCF, on décrit la dépendance des taux $\eta(v_a)$ avec les vitesses absolues v_a à partir d'une simple moyenne statistique sur toutes les vitesses relatives :

$$\eta(v_a) = \int_0^{+\infty} \eta(v_r)\, f(v_r|v_a)\, dv_r \tag{58}$$

où la fonction de distribution conditionnelle $f(v_r|v_a)$ est donnée par l'équation (56). Cette intégrale a été évaluée numériquement. Nous avons représenté sur les figures (9-a), (9-b) et (9-c) les résultats des calculs ainsi réalisés pour les quatre valeurs de température 100, 200, 300, 400 K et pour les trois couples $HC^{15}N/CH_3F$, $HC^{15}N/CH_3Br$ et $HC^{15}N/HC^{14}N$.

L'analyse théorique présentée ci-dessus montre, ici encore, que l'évolution du taux de déplacement de fréquence $\eta(v_a)$ en fonction de la vitesse absolue de la molécule active peut être décrite de façon phénoménologique par une loi quadratique. Il est clair que le domaine de validité strict de cette forme quadratique sera ici relativement limité comparé au cas de la relaxation.

Cependant, il convient de noter que, sur un plan purement qualitatif, les résultats ATCF montrent que la corrélation entre le taux de déplacement de fréquence et la vitesse absolue des molécules actives est appréciable dans le cas des perturbateurs polaires, particulièrement CH_3F et CH_3Br qui sont responsables de forts déplacements de fréquence induits par pression.

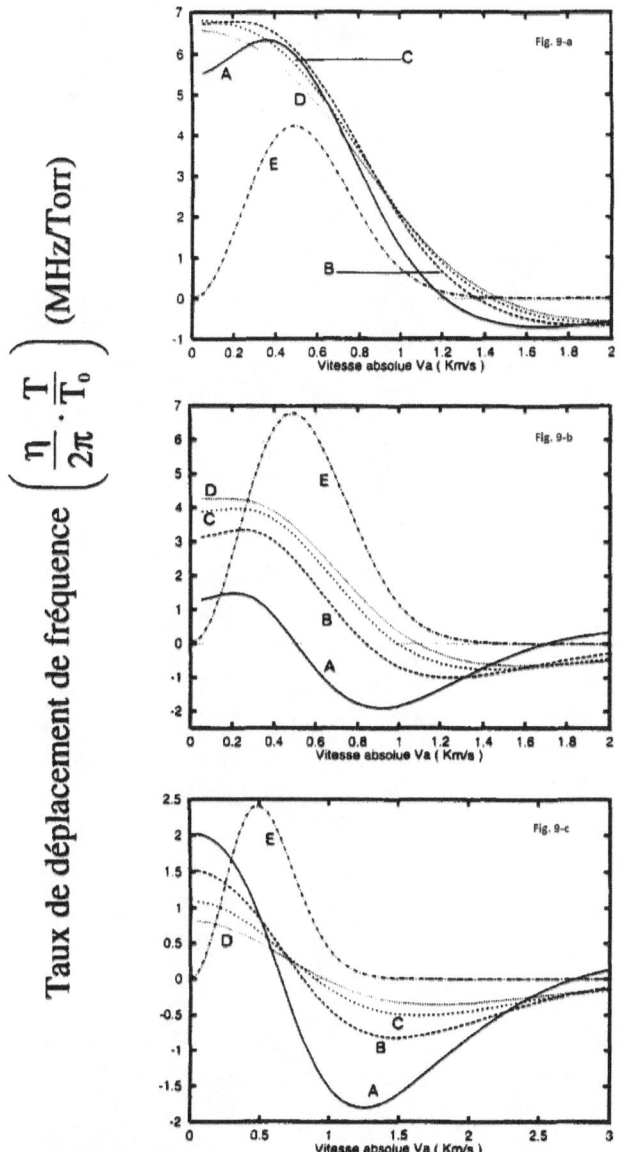

Figure (9): Evolution du taux de déplacement de fréquence induit par collision $\eta(v_a)/2\pi$ de la transition $J = 0 \rightarrow 1$ de $HC^{15}N$ en fonction de la vitesse absolue des molécules actives.
Fig. (9-a) Couple $HC^{15}N/CH_3F$. Fig. (9-b) Couple $HC^{15}N/CH_3Br$. Fig. (9-c) Couple $HC^{15}N/ HC^{14}N$.
Ces courbes représentent la forme théorique prédite à partir du formalisme ATCF à: **(A)** T = 100 Kelvin. **(B)** T = 200 Kelvin. **(C)** T = 300 Kelvin. **(D)** T = 400 Kelvin.
(E) Distribution de Maxwell-Boltzmann des vitesses absolues des molécules actives à T = 400 Kelvin.

BIBLIOGRAPHIE

Abramowitz M., Stegun I.A., Handbook of Mathematical Functions, Dover Pub, New York, 1970.

Anderson P.W., Phys. Rev. **76**, 647 (1949).

Artman J.O. et Gordon J.P., Phys. Rev. **96**, 1237 (1954).

Ben-Reuven A., Phys. Rev. **145**, 7 (1966).

Berman P.R., J. Quant. Spectrosc. Radiat. Transfer **12**, 1331 (1972).

Biedenharn L.C., Blatt J.M. et Rose M.E., Rev. Mod. Phys. **24**, 249 (1952).

Birnbaum G., Advances in Chemical Physics **12**, 487 (1967).

Boulet C., Robert D. et Galatry L., J. Chem. Phys. **65**, 5302 (1976).

Boulet C., Thèse de Doctorat d'Etat, Université de Paris sud-Orsay (1979).

Buckingham A.D., Quant. Rev. (London) **13**, 183 (1967).

Coy S.L., J. Chem. Phys. **73**, 5531 (1980).

Fitz D.E. et Marcus R.A., J. Chem. Phys. **59**, 4380 (1973).

Frost B.S., J. Phys. B: At. Mol. Phys. **9**, 1001 (1976).

Hartmann J.-M., Boulet C. et Robert D., Collisional Effects on Molecular Spectra: Laboratory Experiments and Models, Consequences for Applications, Elsevier, 2008.

Herman R.M., Phys.Rev. **132**, 262 (1963).

Herman R.M. et Tipping H., J. Quant. Spectrosc. Radiat. Transfer **10**, 897 (1970).

Jaffe J.H., Hirshfeld M.A. et Ben-Reuven A., J. Chem. Phys. **40**, 1705 (1964).

Kaghat F., "Rétrécissement des raies d'absorption dans le domaine millimétrique : étude en régime transitoire cohérent", Les 5ème Journées d'Optique & du Traitement de l'Information "OPTIQUE'06", L'institut National des Postes et Télécommunications (INPT), Rabat, Maroc, 19 et 20 avril 2006.

Murphy J.S. et Boggs J.E., J. Chem. Phys. **47**, 691 (1967).

Pickett H., J. Chem. Phys.**73**, 6090 (1980).

Racah G. Phys. Rev. **61**, 186 (1942).

Racah G. Phys. Rev. **62**, 438 (1942).

Robert D., Giraud M. et Galatry L., J. Chem. Phys. **51**, 2192 (1969).

Robert D. et Bonamy J., J. Phys. (Paris) **10**, 923 (1979).

Rohart F., Ellendt A., Kaghat F. et Mäder H., J. Mol. Spectrosc., **185**, 222 (1997).

Rohart F., Nguyen L., Buldyreva J., Colmont J.-M. et Wlodarczak. G., J. Mol. Spectrosc., **246**, 213 (2007).

Rohart F. et Kaghat F.,"HCN absorption line shapes studied by millimeter wave coherent transients: speed dependent effects and collision interaction potential", in 20th International Conference on Spectral Line Shapes, édité par J. K. C. Lewis et A. Predoi-Cross, American Institute of Physics, 209, 2010.

Townes C.H. et Schawlow A.L., Microwave Spectroscopy, Mc Graw-Hill, New York, 1975.

Tsao C.J. et Curnutte B., J. Quant. Spectrosc. Radiat. Transfer **2**, 41 (1962).